资 助

国家重点研发计划项目（2021YFD2000405）
国家自然科学基金（32001427）
财政部和农业农村部国家现代农业产业技术体系（CARS-12）
农业农村部全国农业科研杰出人才及其创新团队（2015-62-145）
农业农村部油菜全程机械化科研基地

"十四五"时期国家重点出版物出版专项规划项目

农 业 科 普 丛 书

图说油菜高质量播种机械化

主 编 张青松 廖庆喜　　副主编 廖宜涛 王 磊

中国农业科学技术出版社

图书在版编目（CIP）数据

图说油菜高质量播种机械化 / 张青松，廖庆喜主编 .
北京：中国农业科学技术出版社，2025.1. -- ISBN
978-7-5116-7300-8

Ⅰ . S223.2-64

中国国家版本馆 CIP 数据核字第 2025RN6050 号

责任编辑　周丽丽
责任校对　李向荣
责任印制　姜义伟　王思文

出 版 者	中国农业科学技术出版社
	北京市中关村南大街 12 号　邮编：100081
电　　话	（010）82106638（编辑室）（010）82106624（发行部）
	（010）82109709（读者服务部）
网　　址	https://castp.caas.cn
经 销 者	各地新华书店
印 刷 者	中煤（北京）印务有限公司
开　　本	787mm×1092mm　1/20
印　　张	3
字　　数	60 千字
版　　次	2025 年 1 月第 1 版　2025 年 1 月第 1 次印刷
定　　价	30.00 元

◀━━ 版权所有·侵权必究 ━━▶

《图说油菜高质量播种机械化》
编委会

主　编　张青松　廖庆喜

副主编　廖宜涛　王　磊

编　委　万星宇　肖文立　卜祥利

　　　　　黄小毛　丁幼春　舒彩霞

青年小张响应国家乡村振兴号召,大学毕业后准备回报家乡。

小张站在田埂上,望着在田间弯腰劳作的人们,发现大多数是老年人,于是他陷入了沉思。

这几年,村里的年轻人陆陆续续地进城务工,种田缺少年轻劳动力,要是种田能实现全程机械化,该有多好呀!另外,种什么作物比较好呢?

小张查阅了相关政策文件和新闻报道，了解到近年来国家重视油料安全，号召大力扩种油菜。同时了解到油菜不仅是重要的油料作物，还兼具多方面的利用价值。

相关政策文件

促进油料作物生产，扩大油菜种植面积，大力实施农机装备补短板行动。

油菜多功能利用

重要油料作物，还兼具饲料、绿肥、蔬菜、能源、旅游、蜜源等多功能利用价值。

看来，种植油菜既符合国家重大战略需求，也可以为创建美丽乡村服务，是个不错的选择！

有了初步计划后，小张打听到有一名油博士，经常下乡调研，给村民提供了许多油菜种植方面的技术。经过多方打听，小张和油博士取得了联系。

油博士，您好！我是小张，听说您是油菜种植方面的专家，我想向您了解一下油菜种植方面的知识。

您好，小张，可以呀，完全没有问题，我现在向您简要介绍一下油菜种植方面的知识。

油菜属十字花科芸薹属，是一年生草本植物，包括甘蓝型、白菜型和芥菜型三种类型。

甘蓝型：由白菜和甘蓝杂交进化而来，是长江流域主要种植类型；植株中等大小，分枝适中，根系较浅，茎秆粗细适中，花期较长，产量较高，种子含油量较高。

白菜型：由原产中国西北地区的大白菜演化而来，适应性较强，植株矮小，分枝较少，根系发达，茎秆纤细，产量较低，种子含油量适中。

芥菜型：由芥菜演化而来，抗旱、耐贫瘠，植株高大，分枝纤细且分枝多，主根系发达，产量较低，种子含油量较低。

油菜在我国种植区域分布广泛，大致可以划分为冬油菜种植区和春油菜种植区两大产区。

冬油菜种植区主要集中在长江流域各省（自治区、直辖市），具体包括：

上游区域：四川、云南、重庆等地；

中游区域：湖北、湖南、江西等地；

下游区域：安徽、江苏、浙江等地。

春油菜种植区主要集中在高纬度、高海拔的北部、西北部等地区，具体包括：青海、内蒙古、甘肃、新疆等地。

长江流域丘陵山区地表崎岖，有一定的起伏。油菜种植田块以梯田和坡耕地为主，田块面积小且分散。

长江流域平原地区地势低平，土壤肥沃，河道港汊交织，湖泊沼泽散布。油菜种植以冬闲田为主，位置相对集中，需作畦防渍。

春油菜种植区域，如北方、西北平原等地区海拔高，降水量少，日照时间长、强度大，昼夜温差大，有利于油菜种子发育。该区域冬季严寒，油菜不能安全越冬，所以油菜种植生长主要集中在春夏季节。

听了您的介绍，我感觉油菜种植区域和环境有很大不同，对应的种植要求也应该有很大差别吧？

您说的没错，不同种植区域的地貌、土壤、农艺措施及气候条件等都有很大差别，所对应的种植特点也有很大差别。我这里有些资料，给您简单介绍一下吧。

冬油菜种植区一般采用稻—油或稻—稻—油水旱轮作的方式,种植前需要灭茬、碎土、施肥、开沟作畦等。

春油菜种植制度一般为一年一熟制,播种前需完成碎土整地、施肥等工作,播种时有时需要铺膜或者铺滴灌带,进行防寒、保墒及灌溉等。

没想到不同区域的油菜种植环境和特点差别这么大。那是不是对应的油菜播种机结构差别也大？

您说的没错，油菜种子粒径小、含油量高、表皮薄，各区域生产制度、农艺要求等不同，导致油菜机械化播种技术也有差别。近期我们计划举办油菜高质量播种机械化技术培训班，您有时间的话可以来参加。

油菜种子

几天后,小张参加了油博士组织的油菜高质量播种机械化技术培训班。

油菜播种机的一般结构主要包括耕整部件、开沟部件、排种/排肥系统、覆土部件、镇压部件、悬挂架和机架等,其中开沟部件包括开畦沟、开种沟、开肥沟等类型,覆土部件和镇压部件可以根据作业需要与作业地表特点进行选配。

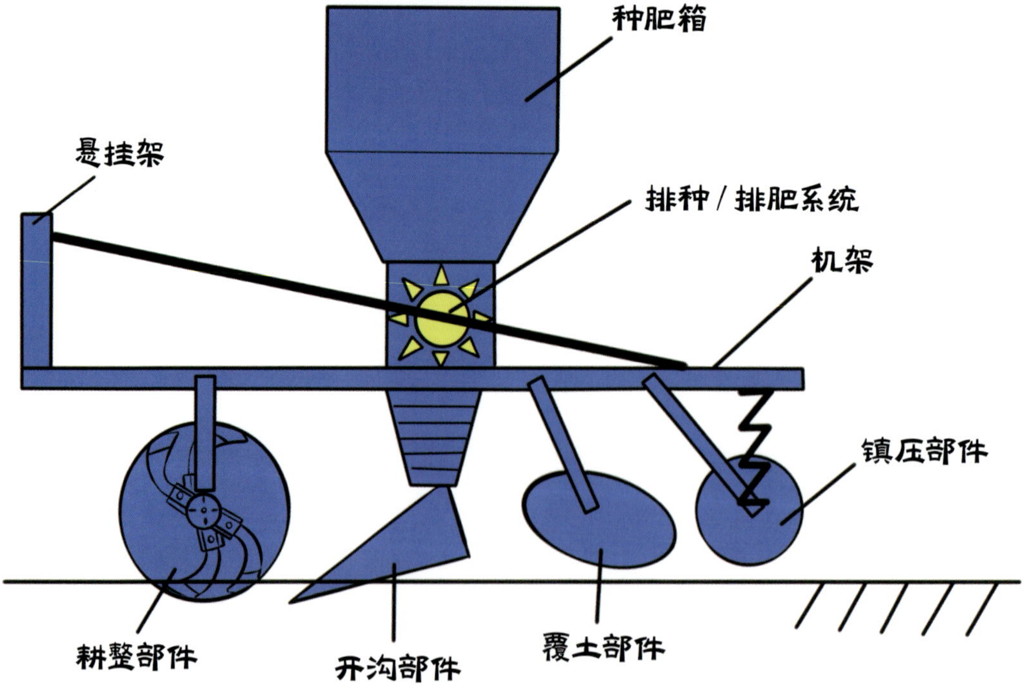

油菜播种机

油菜播种机的选型重点在于考虑播种方式和排种器类型,接下来我为大家进行详细介绍。

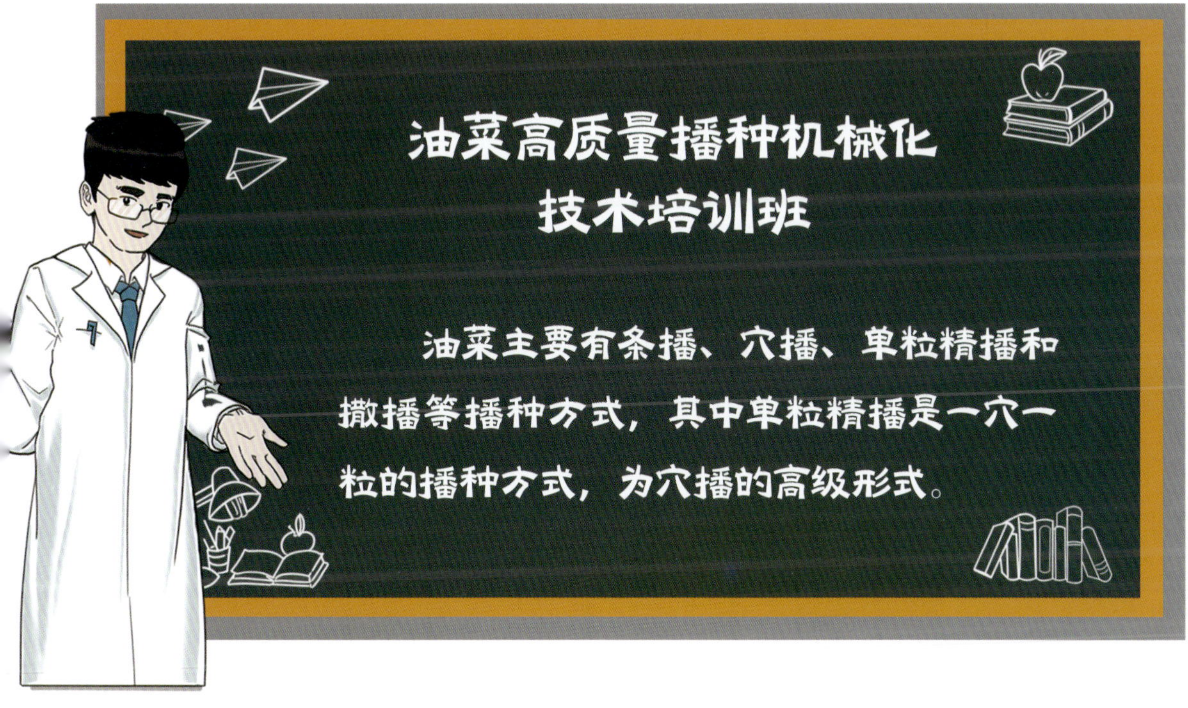

油菜高质量播种机械化技术培训班

油菜主要有条播、穴播、单粒精播和撒播等播种方式,其中单粒精播是一穴一粒的播种方式,为穴播的高级形式。

条播：种子在土壤里均匀成条分布，种子之间没有均匀的粒距，只注重一定长度区段内种子粒数，但要保证行与行之间一定的距离，适用于生物量大、种植密度高的作物及种植方式，如饲料油菜种植。

特点：行距均匀，出苗整齐，通风透光条件好，有利于提高产量和机械化收获水平。

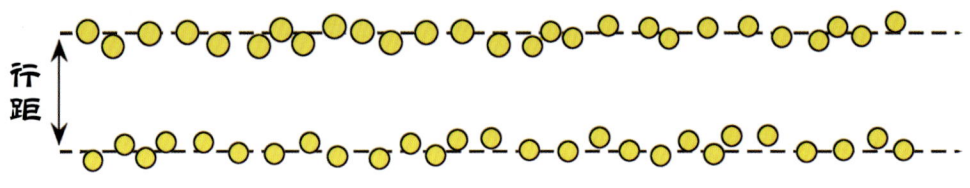

油菜条播土层内种子分布情况

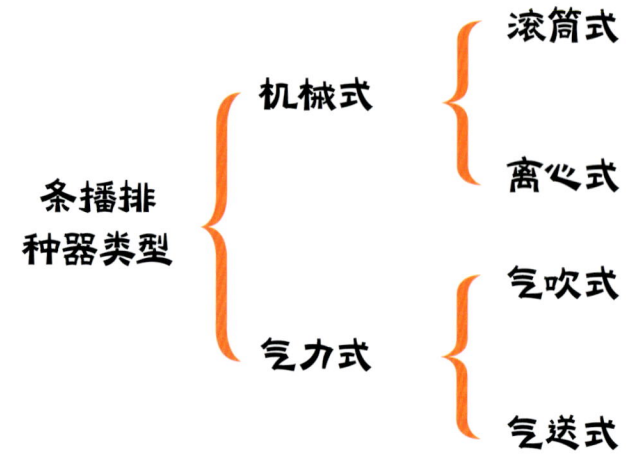

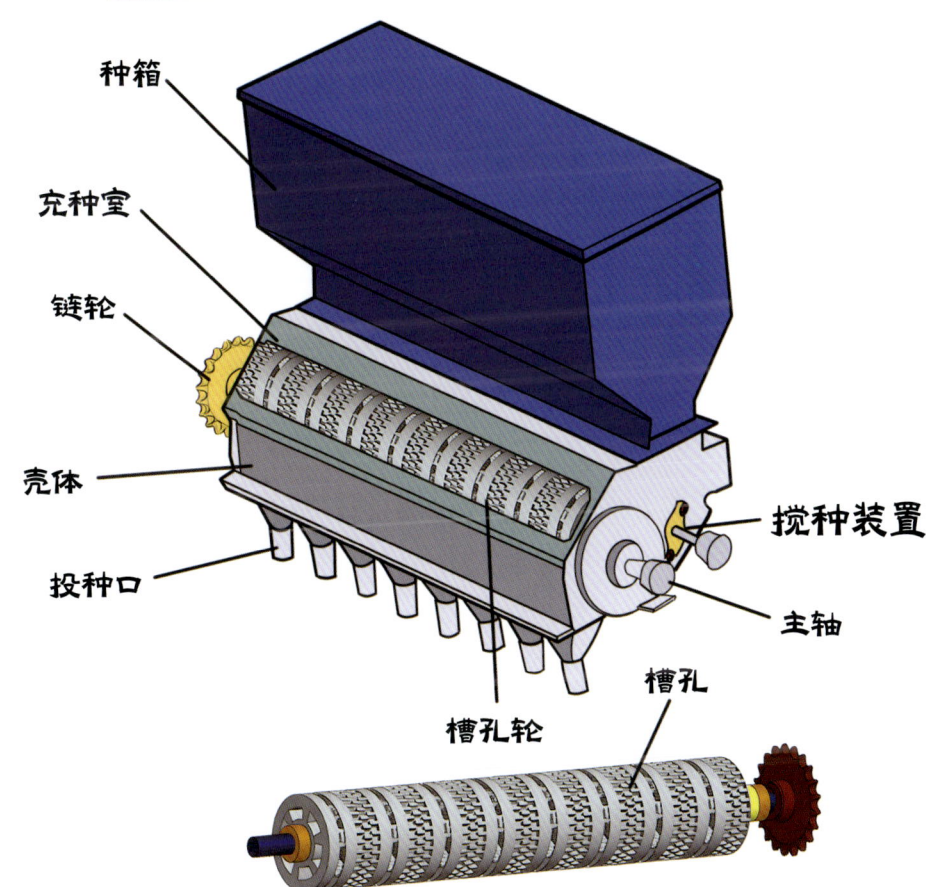

这是油菜机械滚筒式排种器，种子从种箱下落进入充种室，充种室中的种子在各种力的作用下充入槽孔，随槽孔轮转动，充入槽孔中的种子进入投种区，并沿输种管落入土壤层内。

油菜机械滚筒式排种器

这是油菜机械离心式排种器，工作时，种子从种箱中进入锥筒内，在锥筒离心力的作用下，种子从锥壁型孔中甩出，通过输种管落入土壤层内，其中多阶分流部件主要作用是确保各行种子播量的稳定性。

该排种器与其他类型的排种器相比，其结构简单，工作可靠，可用于丘陵山区小田块作业场景。

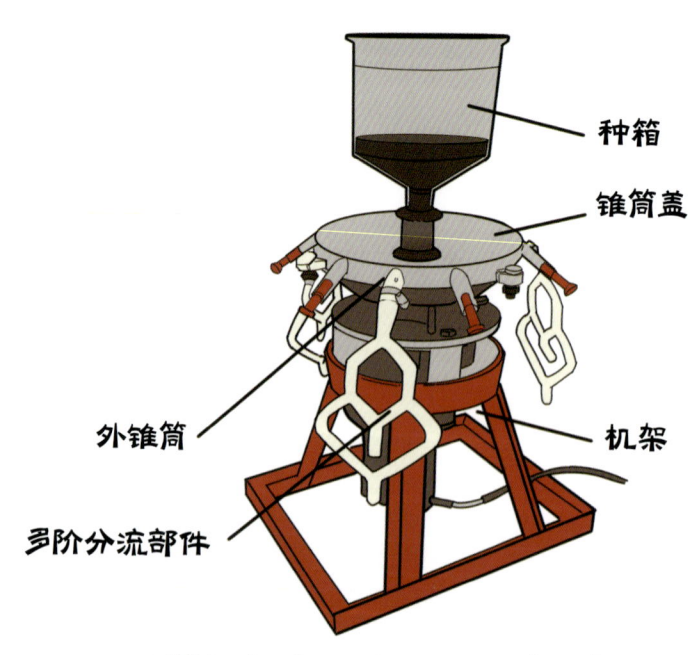

油菜机械离心式排种器（一）

为了提高油菜机械离心式排种器各行排种量的一致性,开发了螺旋定量供种、旋转盘均匀分种技术,保证各行排种量的一致性且供种均匀可调。

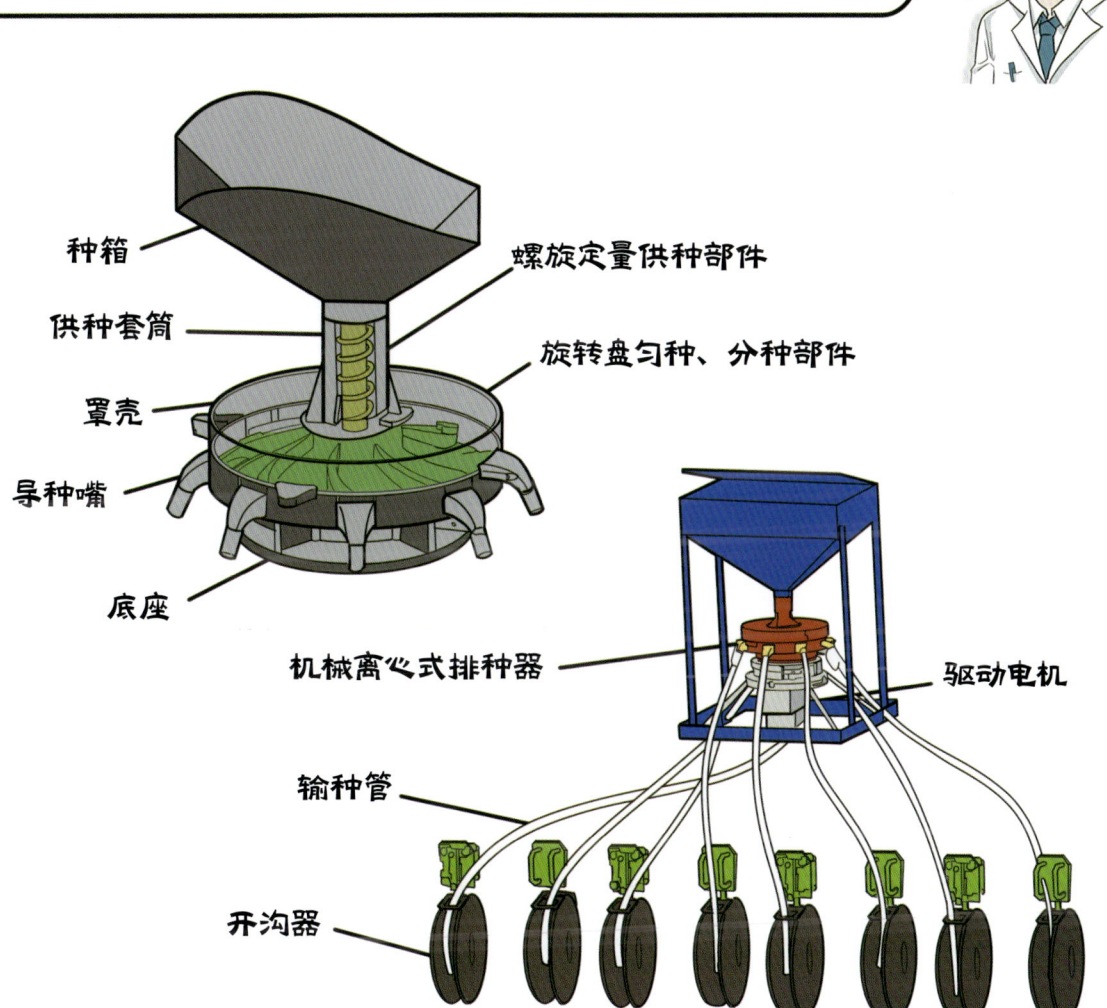

油菜机械离心式排种器(二)

前面介绍的机械式排种器,在实际工作中,存在种子破损率较高的现象,而气力式排种器可以很好地解决这个问题。

这是油菜气吹式精量集排器,工作时通过气力清种,可以减少种子破损率,该排种器可以一次性播种8行,节约了成本,提高了播种作业效率。

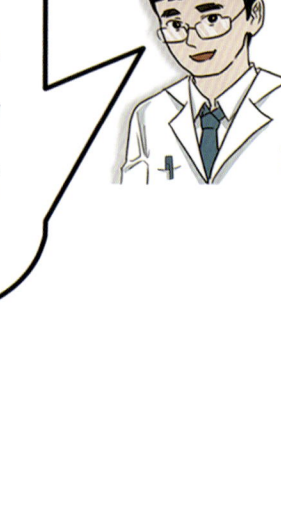

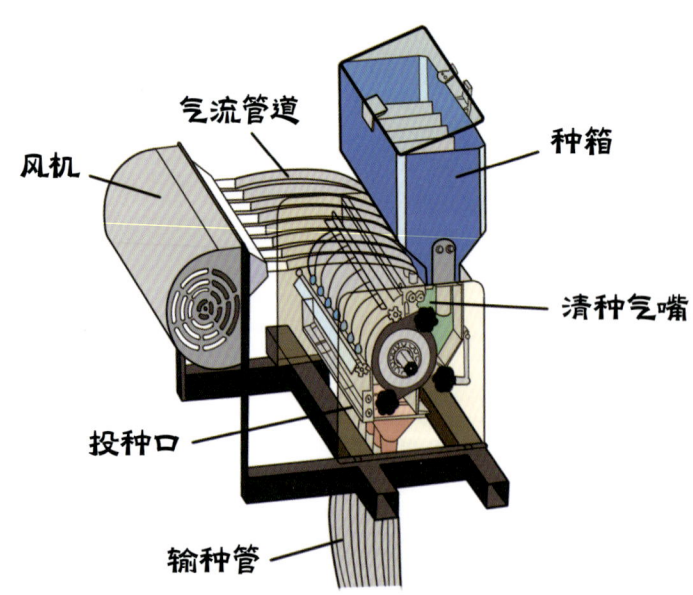

油菜气吹式精量集排器

这是油菜气送式排种器。作业时，供种装置按播种量均匀地排出种子，流入供料装置，气流把供料装置中的种子输送到分配器，从分配器出来的种子经输种管、开沟器落入土壤层内。

油菜气送式排种器播种均匀性好，对作业幅宽、作业速度及播种量适应性好。

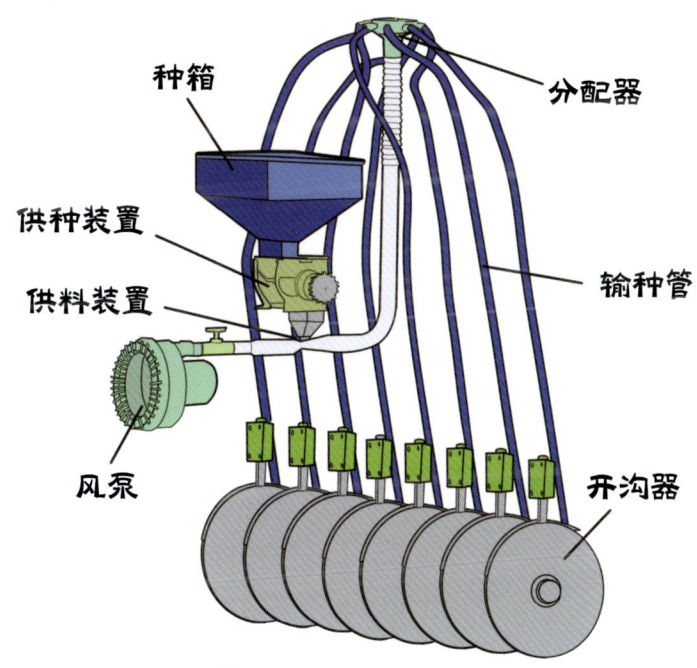

油菜气送式排种器

穴播：按照要求的行距、穴距、穴粒数和播深，将种子定点投入种穴内。

特点：与条播相比，节省种子，减少出苗后的间苗管理环节，充分利用水肥条件，提高种子田间分布的均匀性和出苗率。

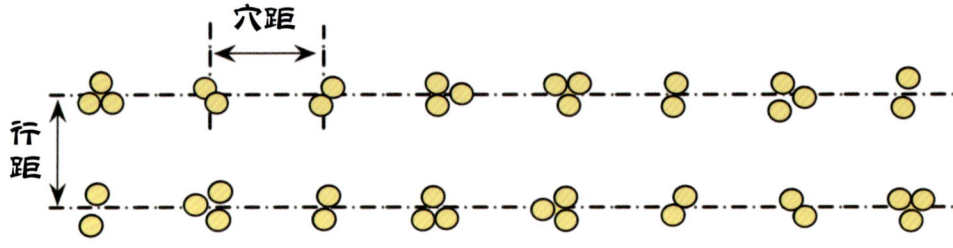

油菜穴播土层内种子分布情况

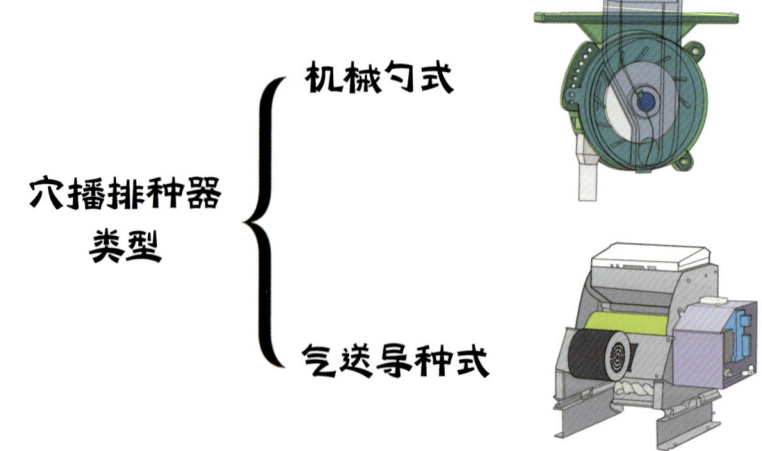

这是油菜机械勺式穴播排种器，工作时，种子从种箱进入充种室，勺轮转动时，每个取种勺囊括 2~3 粒油菜种子，转到投种区域时，取种勺内的种子受重力作用进行投种，种子经与投种口连接的输种管落入土壤层内。

油菜机械勺式穴播排种器具有作业效率高，成穴性好，节省种子和提高经济效益等优点，其每穴可保证有 1~3 粒种子。

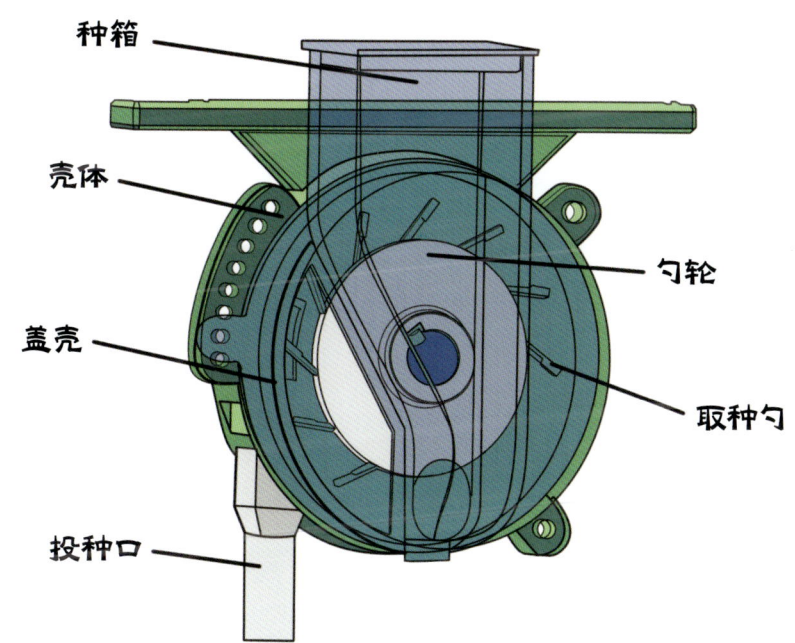

油菜机械勺式穴播排种器

这是油菜气送导种式穴播集排器，工作时，种箱种子进入型孔轮各型孔内，随着型孔轮转动，当到达投种区域时，各型孔内的种子在气流的辅助作用下离开型孔，经投种口排出。

该排种器一器八行，气流辅助投种，降低了种子破损率，提高了穴播合格率及排种器作业效率。

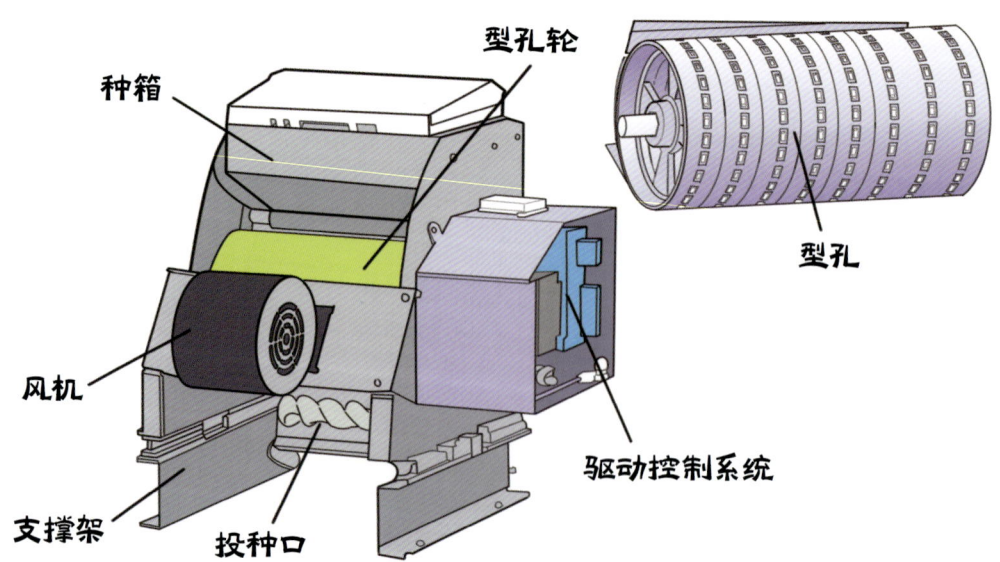

油菜气送导种式穴播集排器

单粒精播： 按精确的粒数、株距、行距、播深将种子播入土壤的方式，即一穴一粒，是穴播的高级形式。

特点： 与穴播相比，进一步提高了种子田间分布均匀性，实现匀苗壮苗，但单粒精播要求种子有较高的田间出苗率及需要预防病虫害，以保证单位面积内有足够的成苗数。

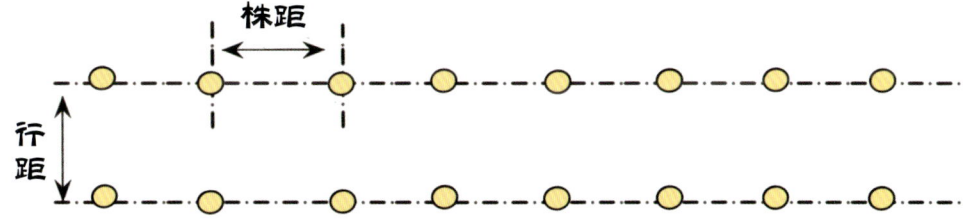

油菜单粒精播土层内种子分布情况

油菜单粒精播出苗分布情况

单粒精播,也叫单粒精密播种,是在穴播的基础上,为进一步减少种子的浪费,提高种子田间分布均匀性而开发的排种技术。

由于油菜种子粒径小、表皮薄,为了实现单粒精播及减少种子破损率,通常采用气力式排种,比如新开发正负气压式排种器可以实现油菜单粒精播。

该类型排种器有多种类型,介绍如下。

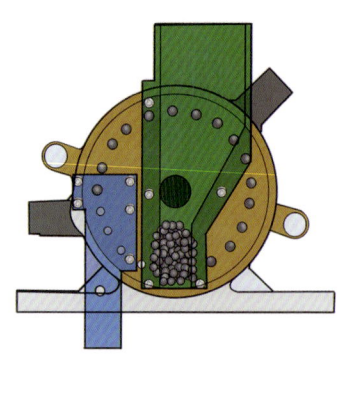

一器一行

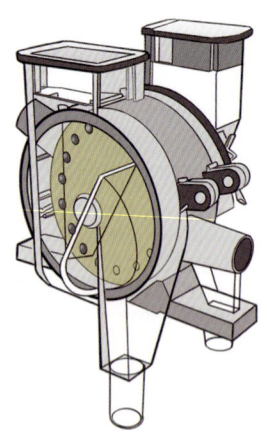

一器双行

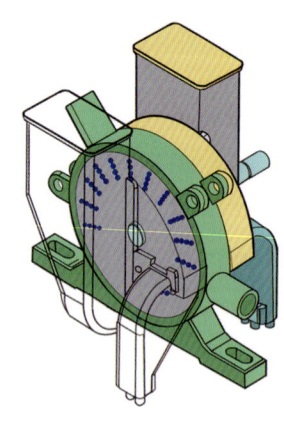

一器多行

单粒精播排种器类型

这是油菜一器一行正负气压组合式排种器,种子从种箱出来后,通过负压吸种、正压投种、控制型孔尺寸,使一个型孔囊括一粒油菜种子,实现油菜一器一行、一穴一粒,单粒精播,同时解决了型孔堵塞与种子破损等难题。

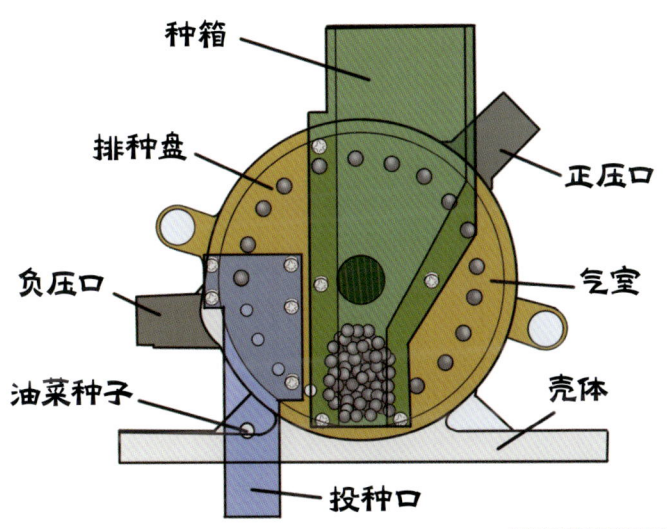

油菜一器一行正负气压组合式排种器

油菜种子出苗后株距均匀

> 这是油菜一器双行正负气压组合式排种器,是在一器一行正负气压组合式排种器的基础上发展而来,其结构特点是:左右两边的排种盘共用一个气室,负压吸种、正压投种,单个排种器实现双行播种,其结构紧凑,实现一器双行,降低了整机质量,拆卸方便,作业效率得到提高。

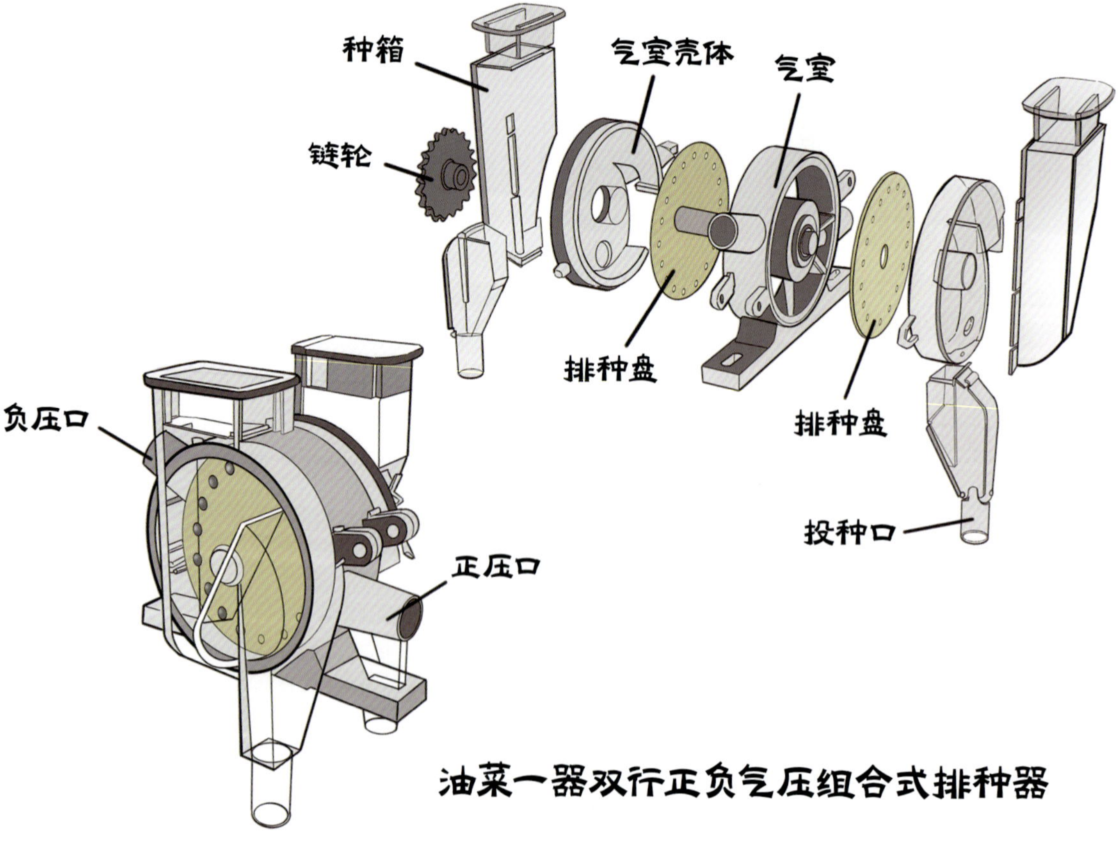

种箱　气室壳体　气室
链轮
排种盘
排种盘
负压口
投种口
正压口

油菜一器双行正负气压组合式排种器

这是油菜一器多行正负气压组合式排种器，是在一器双行的基础上发展而来，其结构特点是：气室两侧的排种盘上都有多行型孔，负压吸种、正压投种，单个排种盘可以实现四行同时播种，其结构紧凑，实现一器八行，降低了整机质量，拆卸方便，作业效率进一步得到提高。

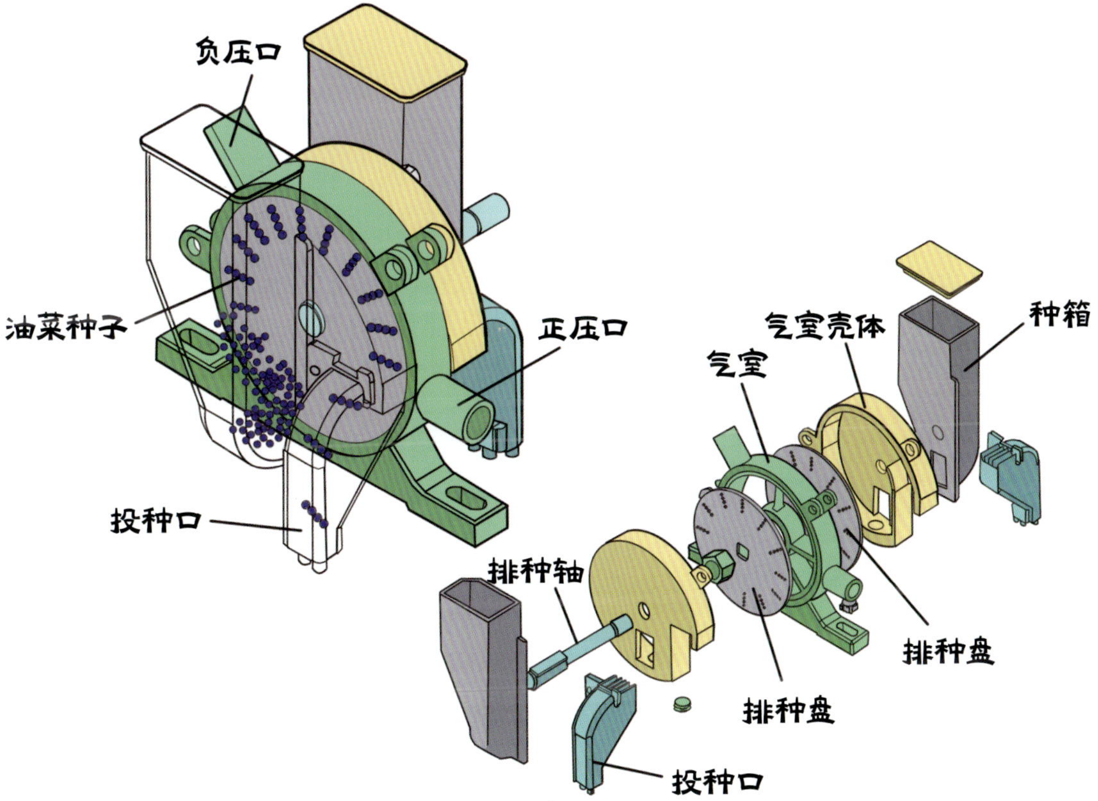

油菜一器多行正负气压组合式排种器

撒播： 将种子按所需播量均匀撒在田地里，没有株距、穴距要求，一般适用于梯田、丘陵山区等机具无法作业的田块。

特点： 作业效率高，播种方便，不受地形影响；但种子分布不匀，播种深浅不一，幼苗生长不齐，产量有所降低，需要加强田间管理。

目前常用无人机进行油菜撒播，该作业方式具有作业速度快、工作效率高和适用范围广等优点。

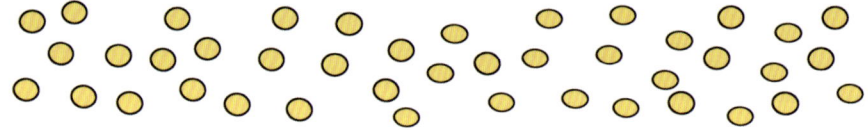

油菜撒播土层内种子随机分布

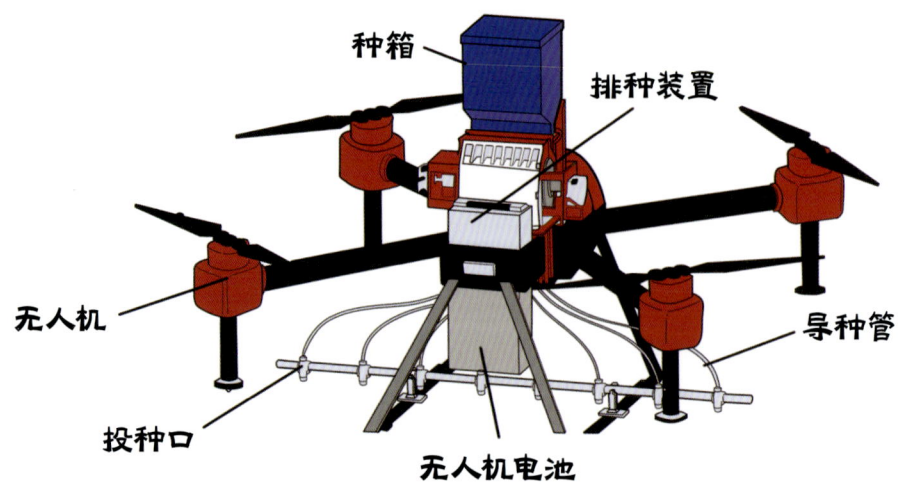

油菜无人机撒播

小白菜

芝麻

小麦

水稻

油博士，通过您的介绍，我系统地了解了油菜播种方式及对应的排种装置，那如果还想种植其他作物，是不是针对每种作物都需要购买不同的排种装置呢？

那倒没必要，目前有很多排种器都具备兼用功能，不仅适应于播种油菜，还能播种其他作物，接下来我为大家介绍几种兼用型排种器。

这是稻麦油兼用型机械式集排器，可以实现水稻、小麦、油菜兼用播种。作业时，种子从种箱流出，经过格盘供种装置进入穹顶锥盘，经离心力作用从投种口甩出后，沿着投种管落入土壤层内。

稻麦油兼用型机械式集排器作业时，通过更换不同的格盘供种装置和调整穹顶锥盘转速，实现播种不同作物及播种量调节功能。

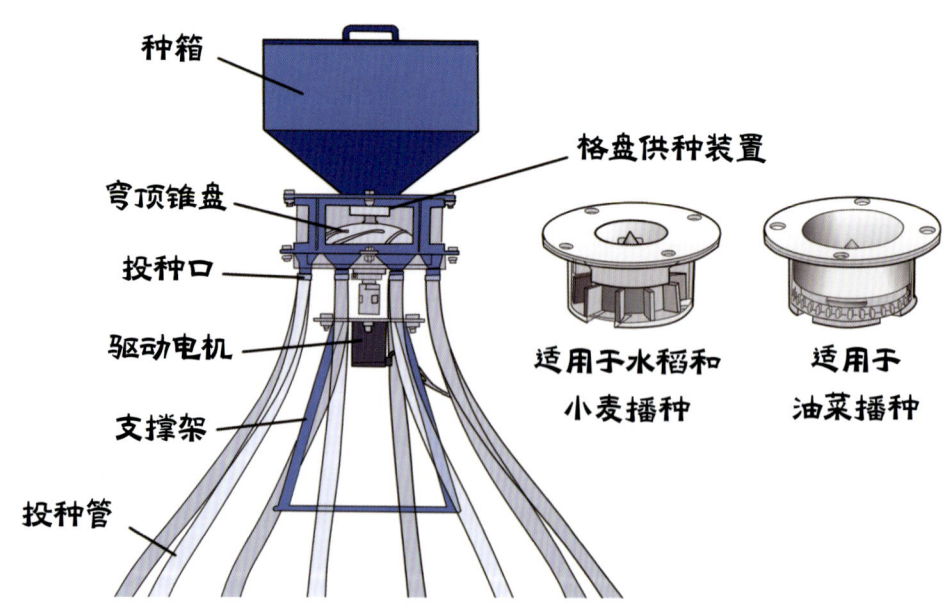

稻麦油兼用型机械式集排器

这是稻麦油兼用型气送式集排器,也可以实现水稻、小麦、油菜兼用播种。作业时,种箱种子在兼用型孔轮作用下进入文丘里管,经气流作用输送至分配器,再从分配器各投种口进入输种管,最后落入土壤层内。

稻麦油兼用型气送式集排器作业时,通过更换不同兼用型孔轮类型和数量及调整其转速,实现播种不同作物及播种量调节功能。

相较于机械式集排器,该气送式集排器不仅可以降低排种过程中种子的破损率,还适用于高速作业场景。

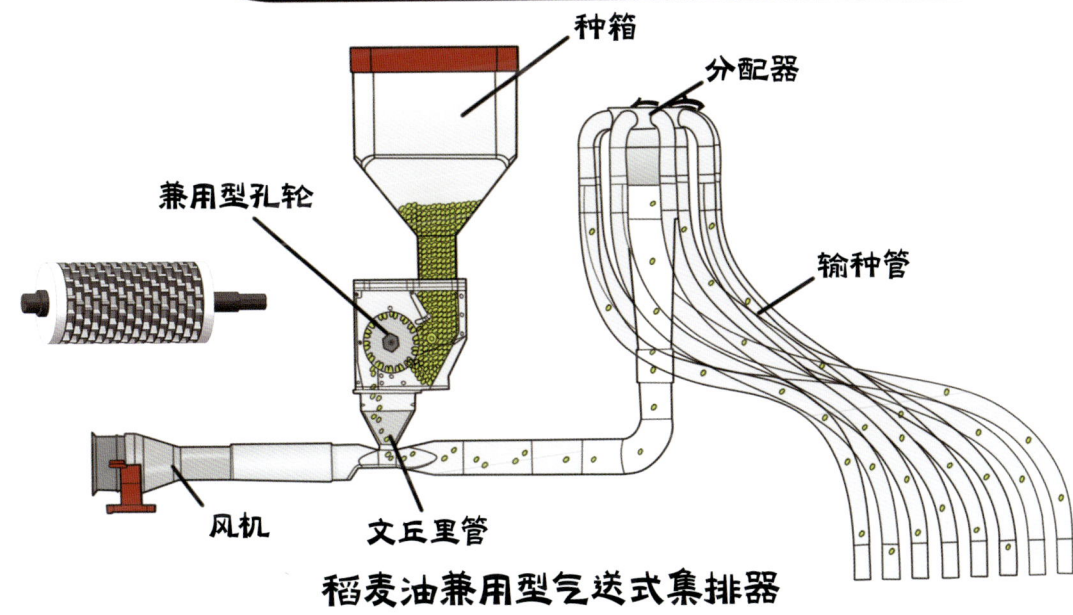

稻麦油兼用型气送式集排器

这是油菜芝麻兼用型正负气压组合式精量排种器，作业时，种子从种箱出来后，通过负压吸种、正压投种，实现一器一行、一穴一粒，单粒精播功能。

由于油菜和芝麻种子形状尺寸差异较大，该排种器通过更换带有不同类型型孔的排种盘，实现油菜和芝麻兼用排种功能。

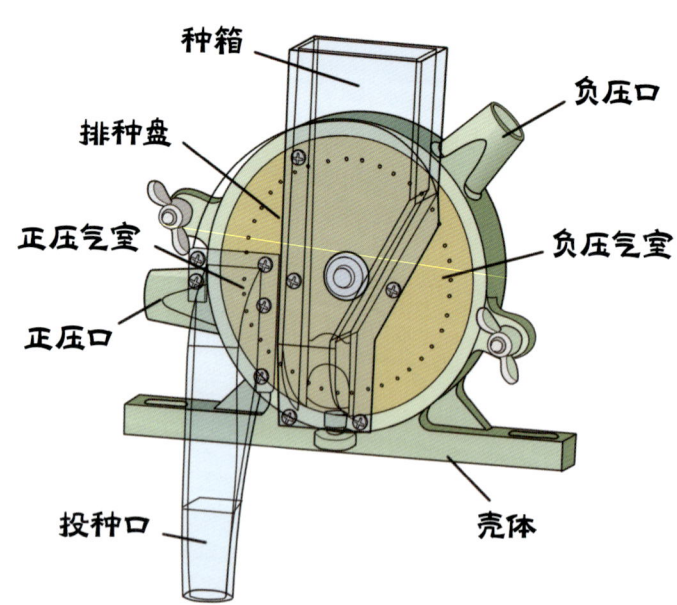

油菜芝麻兼用型正负气压组合式精量排种器

这是油菜、芝麻、小白菜兼用型气送式排种器,作业时,种子从种箱流出进入齿勺滚筒,齿勺滚筒上各齿勺囊括种子后,随着齿勺滚筒转动,到达投种区域时,齿勺上的种子从投种口排出,在气流辅助输送条件下,经投种管落入土壤层内。

该排种器的齿勺对油菜、芝麻和小白菜等小粒径种子具有一定适应性,实现多作物兼用,同时作业时通过调整齿勺滚筒转速,以适应不同作物播量要求。

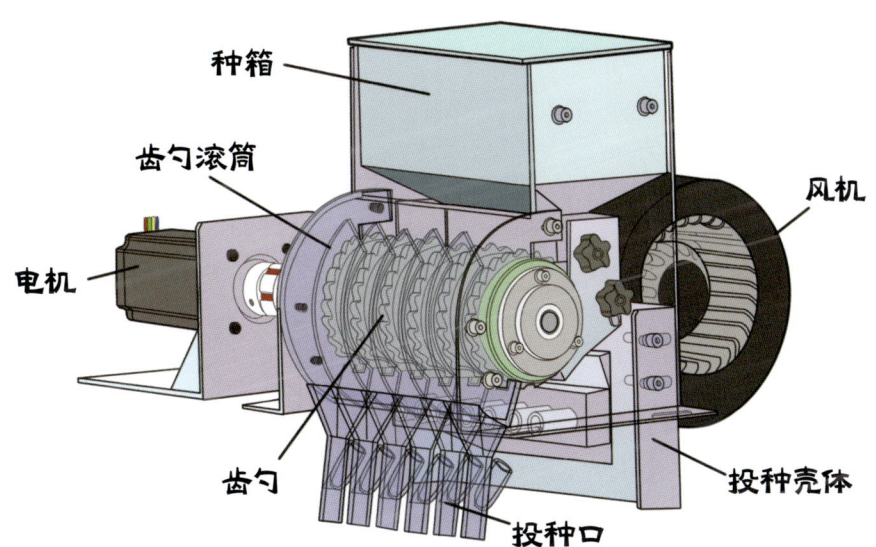

油菜、芝麻、小白菜兼用型气送式排种器

以下是用相关兼用排种器播种水稻、小麦、芝麻和小白菜等作物的出苗效果。

水稻

小麦

芝麻

小白菜

油博士，我现在已经了解了油菜的播种方式及一些兼用的播种技术，那对于不同的作业区域，如地形地貌、种植农艺等不同时，这些排种器也适用吗？

您这个问题问得很好，我国油菜种植区域多样性，前面介绍的相关排种器已经可以适应绝大部分作业场景了，同时针对平原地区大地块高速宽幅作业、丘陵山地小地块轻简集成作业及北方干旱地区铺膜作业的需求，也有专门相适应的排种器使用。

平原地区大地块

丘陵山地小地块

这是针对平原地区大地块高速宽幅作业需求开发的油菜气送式集排器，一器二十四行，可以实现种子尺寸差异明显的油菜、小麦兼用及满足大范围播种量调节功能。

作业时，通过调节供种装置的供种量来适应不同作物播种量及作业速度需求，通过调节分配装置播种行数来适应不同作业幅宽需求。

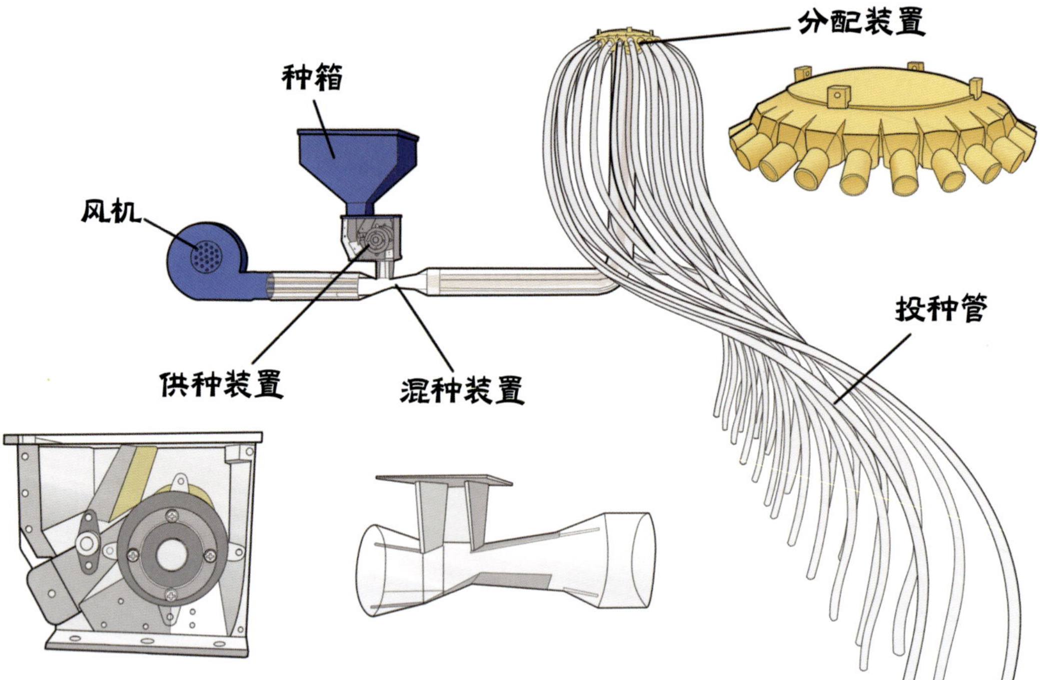

油菜气送式集排器

这是针对丘陵山地小地块轻简集成作业需求开发的油菜种—肥同播同施集排器，一器四行，在一个集排器上，可以实现油菜种子和肥料同播同施，满足山地、坡地、岗地等小地块需要农机具轻简集成作业的需求。

作业时，该集排器可以直接与微耕机挂接，种肥箱分别向排种滚筒和排肥滚筒供种和供肥。由于丘陵山地地表具有坡度及起伏不平，种子和肥料在投种阶段采用气流辅助输送，确保种子和肥料顺利落入土壤层。

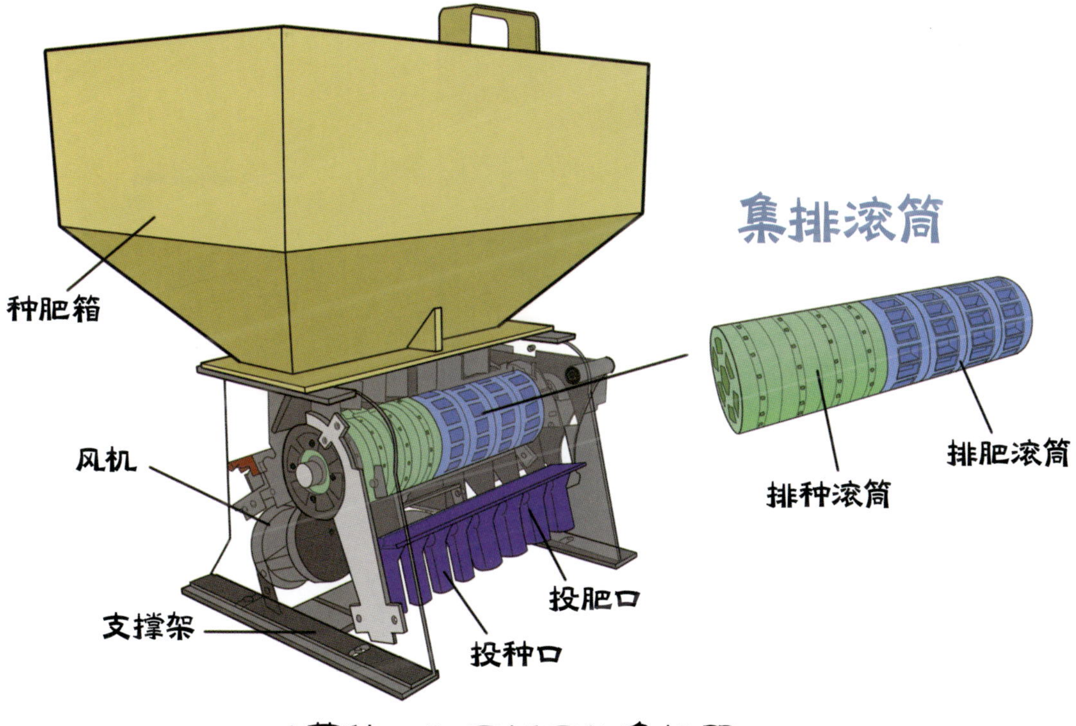

油菜种—肥同播同施集排器

针对北方干旱地区铺膜作业需求开发的油菜正负气压组合式穴播排种器,可以实现膜上打孔及播种功能。

作业时,采用负压吸种、正压投种、鸭嘴成穴器膜上打孔的穴播方式,实现了油菜每穴1~3粒播种。

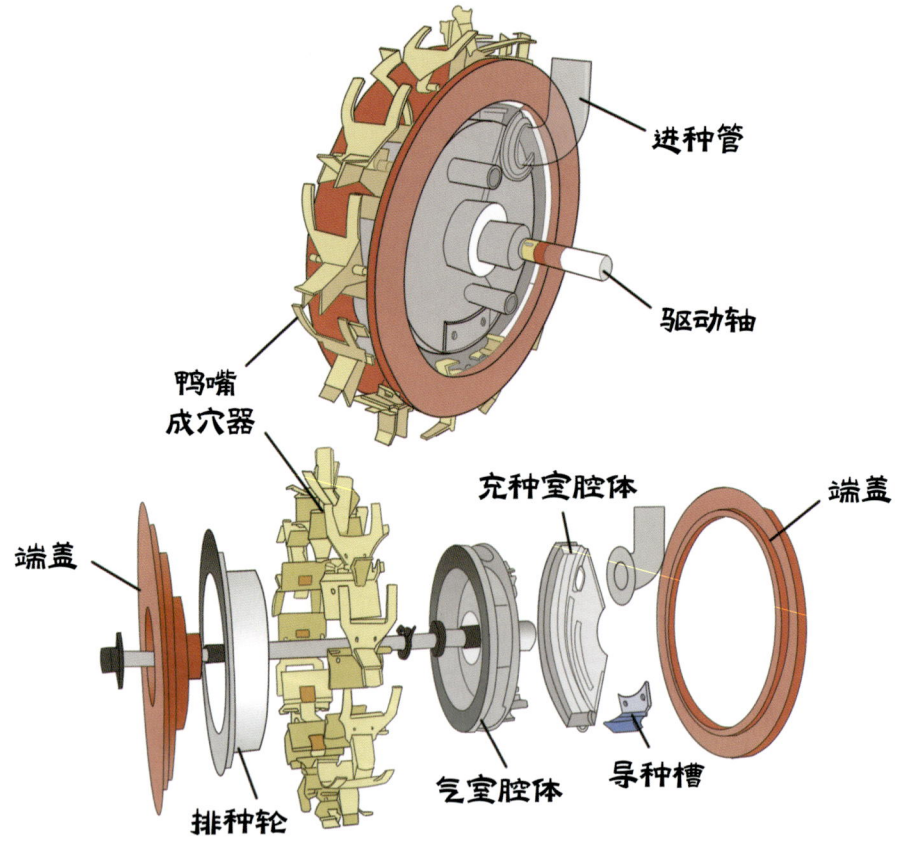

油菜正负气压组合式穴播排种器

以下是相关排种器在丘陵山地小地块、平原地区大地块、干旱地区铺膜打孔等作业场景中生产应用的效果。

丘陵山地小地块播种

平原地区大地块播种

干旱地区铺膜打孔播种

油博士,目前适用于不同油菜种植区域特点的排种器都有,真是太好了。但是光有排种器还不行,还需要播种机,像我们这里既有小地块,又有整治平整的大田块,播种机该如何选择呢?

是的,针对不同的田块大小、种植农艺要求及功能需求,需要选择不同类型的播种机,可以大致分为大、中、小3种类型。

大型播种机

     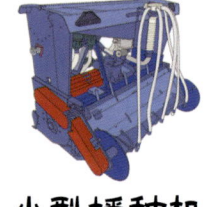

中型播种机　　　　　　　　　　　小型播种机

丘陵山地作业区域，单个地块小、不规整，具有一定坡度且地表起伏不平等特点，推荐选用两种机型。

一种是选用与微耕机配套的小型油菜播种机，该机具具有整地、播种等功能，结构简单，适合小地块旱地作业。

另一种是选用与中小马力轮式拖拉机配套的中小型油菜播种机，该机具具有灭茬、整地、开沟作畦及施肥、播种等功能，功能齐全，适合丘陵山地旱地及稻茬田作业场景。

2BLW-4型
油菜播种机

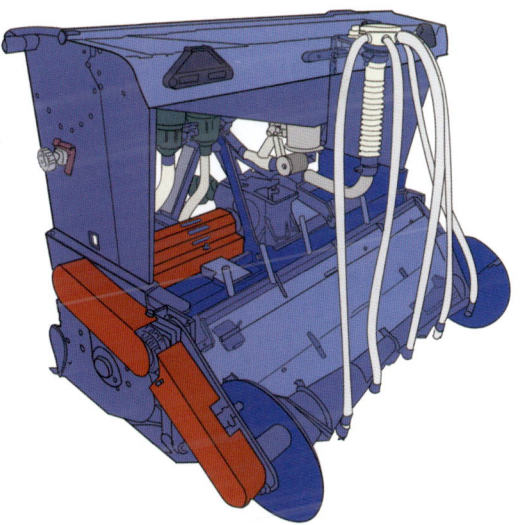

2BFQJ-5/6型
油菜播种机

长江中下游较为平整的作业区域，该区域也是冬油菜主要种植地区，该区域主要特点是稻油轮作，土壤黏重板结、含水率波动大，地表留存的水稻秸秆量大，推荐使用油菜精量联合直播机。

油菜精量联合直播机，采用模块化设计，具有灭茬、碎土、开畦沟、平整、施肥和播种功能，需要与拖拉机配套，作业幅宽 2~2.5m，播种行数为 6~10 行。

2BYQ-6/8 型
油菜播种机

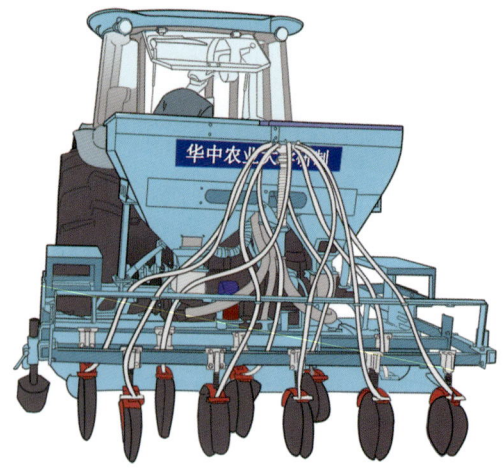

2BFMQ-8/10 型
油菜播种机

考虑到在长江中下游稻—油（麦）轮作区的种植制度及一机多用需求，可以选择油麦兼用型播种机，该机具通过配置不同的作业模块，就可以实现油菜和小麦兼用播种，并且提高了机具利用率。

2BYM-6/8 型油麦兼用播种机

2BQFX-12 型油麦兼用播种机

为了应对长江中下游油菜适播期持续干旱或降雨导致土壤含水率波动大，影响油菜成苗的生产现实，还可以选择油菜微垄联合播种机。

该播种机采用了农机农艺融合的新模式种植油菜，增加了起微垄部件，种子可以播于垄底和垄顶。该种植模式可抵抗旱涝灾害，对土壤物理特性改善和作物产量提高具有积极影响。

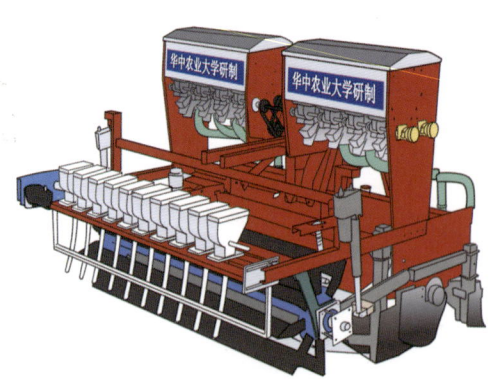

2BFL-10型油菜微垄联合播种机

播种出苗效果

为了提高稻茬田机具的作业效率,结合保护性耕作理念,可以选用油菜免耕播种机,该机具轻简高效、作业功耗低,可以实现高速作业。

机具作业时,肥料撒施于作业地表,高速开畦沟部件作业出畦沟,同时把细碎的土壤抛送覆盖于两侧的厢面,最后油菜种子落入细碎土壤覆盖的厢面,完成播种作业。

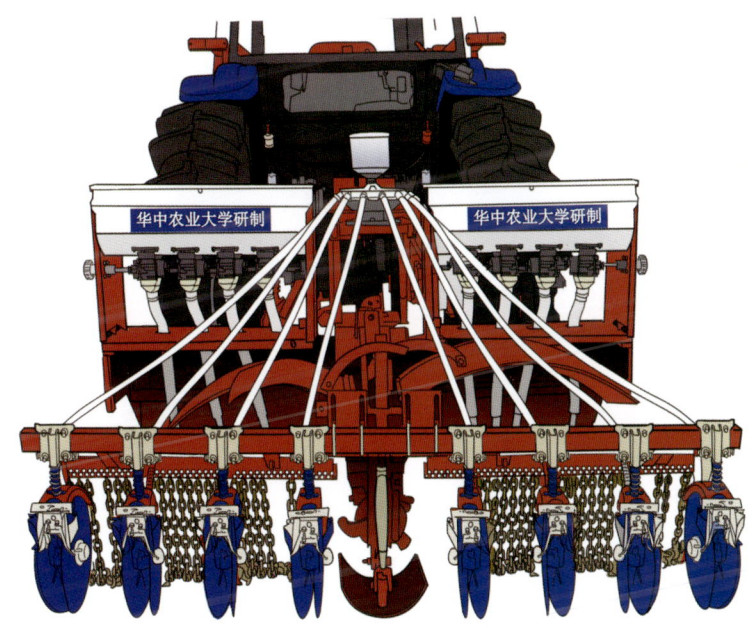

2BMK-8型油菜免耕播种机

为进一步提高在稻茬田机具的作业效率及兼顾种床整理质量，还可以选用油菜幅宽可折叠浅旋播种机，该机具作业幅宽大、浅旋功耗较低，可以实现田间宽幅高速作业，同时便于道路机具运输。

机具作业时，开畦沟部件作业出畦沟，同时将细碎土壤抛撒于厢面，浅旋部件浅旋作业，细碎种床土壤及埋覆地表秸秆，提高种床质量，最后油菜种子落入细碎土壤覆盖的厢面，完成播种作业。

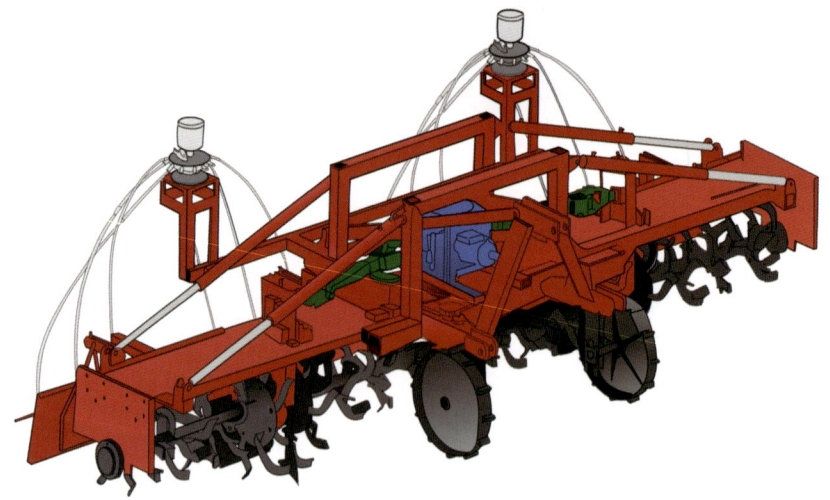

油菜幅宽可折叠浅旋播种机

在北方春油菜种植区域或者地块面积大的种植地表，为确保有较高的作业效率，需要选用宽幅播种机，同时作业幅宽大的播种机一般是在已经旋耕碎土的地表进行播种作业。

以下两种播种机采用模块化设计，机具作业幅宽3.6~4.8m，作业速度10~12km/h，可以实现施肥、精量播种、覆土、镇压，还可以根据生产种植需求，配置铺设滴灌带的功能。

2BFQ-18型油菜免耕气送式直播机

2BFQ-22型油菜免耕正负气压组合式直播机

在北方春油菜种植区域,由于田块面积大,地表起伏不平,为确保各行播深一致性,可以选用带有单体仿形功能的播种机。

该播种机作业幅宽4.8m,作业速度10~12km/h,播种22行,单体仿形,播种出苗均匀性好。

2BFQ-22型油菜免耕气送式直播机及作业效果

新疆、青海、甘肃等高海拔地区种植春油菜时，易受干旱和低温冷冻影响导致减产，需要进行铺膜播种，生产作业时，可以选用油菜铺膜播种机。

该播种机一次作业，可以实现旋耕碎土、机械化铺膜、割膜打孔、膜上播种等功能，提高了油菜铺膜播种效率及油菜出苗率，降低了生产成本，增加了种植效益。

油菜铺膜播种机

种植油菜有不同类型的排种器及适应不同作业区域和作业需求的播种机，真是太好了！

油博士，我看不同播种机前面都是不同的拖拉机带着，那播种机相关动力该如何选择呢？

您听得认真，善于思考，很不错！确实要根据不同作业区域和播种机类型配套选择不同马力的拖拉机。

总体来讲，丘陵山地地块面积小，大型拖拉机进入不便，该区域播种机配套动力一般为20~70马力[①]。

长江中下游冬油菜产区地块面积适中，道路运输条件较好，该区域播种机配套动力一般为70~120马力。

北方春油菜产区地块面积大，播种机作业幅宽大，该区域播种机配套动力一般为120马力以上。

微耕机

小马力拖拉机

中马力拖拉机

大马力拖拉机

① 1马力=735.5W。

一堂培训课下来,小张获益颇多,信心倍增。

谢谢油博士,今天让我全面了解了油菜播种方式、排种技术、播种机具及配套动力等相关知识,使我对如何种植油菜有了坚定的信心。我马上就回去用起来,有了这些技术与设备一定会事半功倍。

好的,没问题,小张,好好干!有什么问题随时联系我!